EXERCICES D'ALGEBRE

$-2 = Y - 8$

$Y - 6 = -3$

$10 = X + 6$

$9 - Y = 1$

$-1 = Y - 8$

$-8 = 1 - Y$

$11 = Y + 4$

$Y + 3 = 12$

$3 + Y = 9$

$-4 = 5 - Y$

$-1 = 6 - Y$

$Y + 1 = 7$

$1 + Y = 2$

$3 + Y = 7$

$-2 = 7 - X$

$3 + Y = 12$

$10 = Y + 2$

$0 = 2 - Y$

$X + 4 = 5$

$14 = 9 + X$

$8 + Y = 13$

$X - 4 = 4$

$12 = X + 8$

$Y - 4 = 0$

$1 = Y - 7$

$2 - X = 1$

$5 + X = 6$

$9 = X + 7$

$13 = X + 4$

$0 = 8 - Y$

$10 = X + 5$

$-2 = 3 - X$

$7 - X = 1$

$7 = 9 - X$

$3 - Y = 1$

$3 = 7 - X$

$3 = 9 - X$

$X + 2 = 3$

$15 = 9 + Y$

$11 = X + 7$

$7 = 4 + X$

$9 = 8 + X$

$X - 3 = 0$

$Y + 9 = 15$

$9 + Y = 11$

$11 = 3 + Y$

$8 - Y = 7$

$12 = 8 + X$

$3 + X = 5$

$X + 9 = 10$

$0 = X - 7$

$9 = 7 + X$

$4 - X = -3$

$-2 = X - 3$

$12 = Y + 7$

$-5 = 3 - X$

$X + 3 = 10$

$X - 9 = -1$

$6 = Y - 1$

$Y + 6 = 7$

$8 = Y - 1$

$X - 6 = -1$

$X + 4 = 8$

$Y + 9 = 14$

$1 - Y = -6$

$6 - Y = 3$

$14 = X + 7$

$4 = 7 - X$

$Y - 3 = 5$

$2 + Y = 8$

$Y + 5 = 7$

$17 = 9 + X$

$2 - Y = -5$

$14 = Y + 6$

$5 - X = 1$

$X + 6 = 12$

$5 = 7 - Y$

$X + 2 = 7$

$7 + X = 12$

$Y + 8 = 14$

$1 - Y = -7$

$-4 = Y - 6$

$X + 1 = 3$

$-3 = 1 - Y$

$X + 8 = 15$

$8 = 7 + Y$

$X - 4 = 5$

$6 = 9 - Y$

$Y + 7 = 15$

$5 + X = 9$

$7 - Y = 2$

$X - 6 = 0$

$X + 9 = 11$

$2 = Y - 2$

$4 = 6 - Y$

$1 - X = -4$

$9 + Y = 10$

$4 + Y = 5$

$X + 6 = 11$

$-1 = Y - 5$

$12 = 9 + Y$　　　　　　$14 = 6 + Y$

$Y + 1 = 5$　　　　　　$9 = Y + 1$

$6 = Y + 3$　　　　　　$8 - Y = 4$

$Y - 5 = 0$　　　　　　$-2 = 6 - Y$

$Y - 8 = -3$　　　　　　$7 + Y = 9$

$1 + Y = 5$　　　　　　$Y - 4 = 3$

$Y - 6 = -1$　　　　　　$5 + Y = 14$

$Y + 5 = 9$　　　　　　$14 = Y + 5$

$3 = 6 - Y$　　　　　　$2 = 9 - Y$

$Y + 6 = 13$　　　　　　$10 = Y + 5$

$7 = 1 + Y$

$12 = Y + 4$

$5 = 7 - Y$

$7 = 5 + Y$

$13 = Y + 8$

$7 = 3 + Y$

$Y - 9 = -3$

$Y + 5 = 6$

$Y + 3 = 5$

$11 = 5 + Y$

$4 + Y = 6$

$Y - 6 = -2$

$Y - 6 = -5$

$-4 = Y - 7$

$13 = Y + 7$

$7 - Y = 4$

$10 = Y + 8$

$Y + 6 = 15$

$Y - 2 = 6$

$2 - Y = -2$

$12 = 7 + Y$ $Y + 4 = 6$

$8 = 2 + Y$ $-3 = Y - 7$

$9 - Y = 7$ $8 - Y = -1$

$2 = Y - 5$ $Y + 5 = 7$

$1 - Y = -8$ $Y - 1 = 3$

$15 = 6 + Y$ $-2 = 1 - Y$

$11 = Y + 7$ $3 + Y = 12$

$9 = 6 + Y$ $-4 = 5 - Y$

$3 = Y - 6$ $0 = 2 - Y$

$2 = Y - 6$ $7 + Y = 16$

$Y + 2 = 5$ $5 = 9 - Y$

$1 + Y = 9$ $Y - 6 = -4$

$4 = 9 - Y$ $2 = 1 + Y$

$Y + 5 = 13$ $Y + 4 = 13$

$6 + Y = 10$ $Y + 9 = 10$

$8 - Y = 1$ $Y - 7 = -5$

$Y + 9 = 11$ $Y + 1 = 8$

$Y - 8 = -6$ $Y - 2 = 1$

$-7 = 1 - Y$ $2 = 4 - Y$

$1 = Y - 6$ $9 - Y = 0$

$1 = 4 - Y$ $Y - 2 = 4$

$Y - 6 = 0$ $8 - Y = 7$

$9 + Y = 10$ $1 - Y = -3$

$9 + Y = 11$ $3 + Y = 10$

$5 = Y - 1$ $Y + 2 = 8$

$7 = 4 + Y$ $-7 = Y - 9$

$2 = 3 - Y$ $7 = Y + 1$

$1 + Y = 4$ $5 - Y = 4$

$3 = Y - 5$ $-3 = Y - 5$

$Y - 9 = -5$ $16 = Y + 7$

$-6 = Y - 13$

$Y - 14 = 5$

$9 = 1 + Y$

$Y + 12 = 31$

$1 + Y = 7$

$-4 = 13 - Y$

$15 + Y = 28$

$18 + Y = 30$

$6 + Y = 8$

$3 + Y = 22$

$14 = 2 + Y$

$8 - Y = 4$

$-1 = 2 - Y$

$-1 = 10 - Y$

$18 + Y = 31$

$5 = Y + 2$

$-2 = 11 - Y$

$-9 = Y - 15$

$39 = Y + 19$

$10 = 6 + Y$

$Y - 16 = -10$ $Y - 11 = -3$

$4 - Y = -15$ $Y - 14 = -2$

$22 = Y + 10$ $Y + 18 = 29$

$-11 = Y - 15$ $6 = Y + 5$

$Y - 17 = -8$ $26 = Y + 7$

$18 = Y + 15$ $Y - 10 = -3$

$2 - Y = -6$ $Y + 17 = 35$

$25 = 13 + Y$ $9 + Y = 11$

$16 = Y + 15$ $-11 = 7 - Y$

$Y + 13 = 23$ $1 = 18 - Y$

$Y + 18 = 20$

$Y + 11 = 23$

$16 = 10 + Y$

$-9 = Y - 19$

$3 = 2 + Y$

$Y - 9 = 8$

$-1 = Y - 17$

$12 = Y + 6$

$22 = 8 + Y$

$15 - Y = -3$

$11 = 2 + Y$

$17 = 2 + Y$

$12 = 1 + Y$

$-13 = Y - 15$

$-8 = Y - 9$

$Y + 3 = 12$

$23 = Y + 3$

$32 = Y + 18$

$17 - Y = 10$

$2 + Y = 6$

$14 + Y = 30$ _____

$4 + Y = 6$ _____

$15 = Y - 1$ _____

$Y - 20 = -17$ _____

$25 = Y + 18$ _____

$6 = Y - 12$ _____

$36 = Y + 16$ _____

$20 + Y = 38$ _____

$29 = Y + 14$ _____

$13 + Y = 31$ _____

$9 - Y = -3$ _____

$16 + Y = 23$ _____

$15 = 12 + Y$ _____

$19 + Y = 33$ _____

$-2 = 14 - Y$ _____

$11 - Y = -5$ _____

$16 = 20 - Y$ _____

$-9 = 7 - Y$ _____

$Y - 5 = 9$ _____

$8 + Y = 27$ _____

$10 + Y = 25$

$-12 = Y - 16$

$23 = 18 + Y$

$2 = 19 - Y$

$-5 = 8 - Y$

$-8 = 8 - Y$

$21 = Y + 15$

$1 = Y - 5$

$Y + 6 = 20$

$Y + 12 = 17$

$16 = Y + 14$

$27 = Y + 8$

$28 = Y + 19$

$1 + Y = 10$

$-9 = Y - 11$

$-2 = Y - 10$

$-5 = Y - 15$

$Y + 17 = 19$

$16 = 12 + Y$

$22 = Y + 2$

$18 + Y = 30$ $Y + 26 = 56$

$9 = Y - 11$ $-1 = Y - 15$

$6 + Y = 32$ $Y - 25 = -15$

$35 = 13 + Y$ $-6 = 1 - Y$

$-21 = 4 - Y$ $Y - 15 = 12$

$Y - 8 = 20$ $-2 = 5 - Y$

$2 - Y = 0$ $14 = 10 + Y$

$27 + Y = 42$ $-12 = 7 - Y$

$14 = 4 + Y$ $12 = 11 + Y$

$Y - 19 = 0$ $40 = Y + 26$

$Y + 4 = 33$

$13 - Y = -9$

$38 = 17 + Y$

$34 = 5 + Y$

$7 - Y = -17$

$2 + Y = 12$

$20 + Y = 41$

$42 = 12 + Y$

$41 = 16 + Y$

$14 = 24 - Y$

$23 + Y = 36$

$25 = 21 + Y$

$32 = Y + 5$

$1 - Y = -10$

$44 = 25 + Y$

$-2 = 19 - Y$

$Y - 4 = 18$

$18 - Y = 3$

$Y - 22 = -7$

$11 + Y = 17$

$18 + Y = 24$ $18 - Y = 15$

$Y + 6 = 21$ $8 = Y - 1$

$Y - 26 = -2$ $24 + Y = 50$

$24 - Y = 4$ $13 = 15 - Y$

$Y - 22 = 2$ $-17 = 1 - Y$

$22 + Y = 39$ $16 = Y + 13$

$Y + 4 = 28$ $20 = 13 + Y$

$Y + 15 = 41$ $14 = 30 - Y$

$Y - 26 = -18$ $35 = 22 + Y$

$3 + Y = 21$ $Y - 16 = -9$

$25 - Y = 13$

$6 = 22 - Y$

$10 - Y = -4$

$34 = Y + 24$

$-3 = 3 - Y$

$26 = Y + 2$

$35 = 26 + Y$

$31 = 28 + Y$

$31 = 16 + Y$

$0 = Y - 11$

$7 + Y = 30$

$35 = Y + 27$

$27 = Y - 2$

$Y - 2 = 12$

$9 + Y = 21$

$14 = Y + 9$

$18 - Y = -10$

$Y + 7 = 36$

$34 = 23 + Y$

$21 - Y = 12$

$Y - 16 = 11$ $27 + Y = 39$

$Y - 29 = -12$ $Y + 15 = 21$

$33 = Y + 21$ $-17 = Y - 27$

$34 = 9 + Y$ $-1 = 23 - Y$

$Y - 28 = -21$ $27 - Y = 14$

$39 = 29 + Y$ $38 = Y + 8$

$15 - Y = -8$ $6 = 2 + Y$

$22 - Y = -1$ $Y + 1 = 16$

$16 - Y = 8$ $Y + 24 = 29$

$Y - 28 = -5$ $3 - Y = 0$

$5 - Y = -18$

$24 + Y = 52$

$10 = Y - 12$

$16 + Y = 30$

$1 = Y - 3$

$Y - 8 = 0$

$Y + 4 = 6$

$10 = 25 - Y$

$16 - Y = -10$

$23 = 28 - Y$

$18 = 7 + Y$

$-5 = 20 - Y$

$17 - Y = 2$

$29 - Y = 10$

$-11 = Y - 14$

$12 = 4 + Y$

$15 = 18 - Y$

$17 - Y = 16$

$-19 = 5 - Y$

$0 = Y - 12$

$18 + Y = 42$ $Y - 1 = 22$

$2 - Y = -14$ $Y + 25 = 30$

$39 = Y + 17$ $-7 = 2 - Y$

$39 = Y + 12$ $2 = 30 - Y$

$50 = 20 + Y$ $Y + 21 = 31$

$11 + Y = 28$ $-7 = Y - 8$

$26 - Y = 10$ $30 + Y = 50$

$Y + 6 = 16$ $21 - Y = -8$

$43 = Y + 22$ $41 = Y + 14$

$19 = Y + 4$ $-10 = 6 - Y$

$6 = 29 - Y$

$Y - 8 = 6$

$Y + 8 = 35$

$4 = Y - 22$

$8 = Y - 16$

$-1 = 16 - Y$

$18 - Y = 12$

$-3 = Y - 17$

$22 - Y = 4$

$42 = 24 + Y$

$19 = 11 + Y$

$10 = 5 + Y$

$4 - Y = -25$

$Y + 2 = 4$

$5 + Y = 22$

$24 = Y - 3$

$Y - 16 = 0$

$49 = 25 + Y$

$29 = 6 + Y$

$Y - 26 = -15$

$21 = 24 - Y$

$Y + 30 = 34$

$20 + Y = 49$

$30 + Y = 45$

$12 - Y = 1$

$7 = 25 - Y$

$30 - Y = 16$

$40 = 23 + Y$

$Y + 13 = 35$

$Y + 19 = 49$

$26 = 3 + Y$

$Y - 25 = -4$

$29 - Y = 9$

$8 + Y = 33$

$Y + 11 = 31$

$5 - Y = 2$

$29 = Y + 2$

$6 - Y = -16$

$10 = Y - 4$

$-5 = Y - 21$

$42 = 27 + Y$

$Y + 5 = 24$

$32 = 24 + Y$

$22 = Y + 11$

$Y - 14 = -2$

$41 = Y + 12$

$7 + Y = 21$

$-7 = Y - 16$

$Y - 2 = 17$

$37 = 30 + Y$

$48 = Y + 19$

$6 + Y = 18$

$Y - 9 = 5$

$24 + Y = 49$

$Y + 2 = 13$

$44 = Y + 29$

$5 = Y - 10$

$29 - Y = -1$

$-14 = 9 - Y$

$Y + 16 = 19$

$31 = 22 + Y$ $\qquad$ $41 = Y + 22$

$Y + 22 = 45$ $\qquad$ $57 = 27 + Y$

$Y - 29 = -16$ $\qquad$ $Y - 11 = 9$

$13 - Y = 3$ $\qquad$ $26 - Y = 5$

$50 = 26 + Y$ $\qquad$ $22 = Y + 13$

$2 = 21 - Y$ $\qquad$ $Y + 21 = 41$

$11 - Y = 0$ $\qquad$ $Y + 15 = 25$

$25 - Y = 1$ $\qquad$ $Y + 13 = 26$

$Y + 14 = 17$ $\qquad$ $49 = Y + 20$

$13 = 28 - Y$ $\qquad$ $40 = Y + 15$

$-1 = Y - 2$

$16 = 24 - Y$

$18 - Y = -3$

$Y - 12 = -3$

$19 + Y = 47$

$25 = 13 + Y$

$17 + Y = 24$

$19 = Y + 7$

$6 = 30 - Y$

$Y + 26 = 33$

$Y + 25 = 37$

$36 = Y + 19$

$24 + Y = 40$

$9 - Y = 6$

$Y + 13 = 24$

$24 = Y + 19$

$Y - 29 = -21$

$24 - Y = 13$

$12 - Y = -8$

$32 = 28 + Y$

$45 = 24 + Y$

$1 + Y = 28$

$26 = Y + 22$

$32 = Y + 26$

$2 + Y = 32$

$16 = Y + 12$

$3 + Y = 22$

$52 = 28 + Y$

$26 = 9 + Y$

$49 = Y + 19$

$8 - Y = -4$

$15 = 28 - Y$

$32 = Y + 15$

$10 = 30 - Y$

$50 = 27 + Y$

$1 + Y = 9$

$42 = Y + 23$

$14 = 15 - Y$

$18 - Y = -2$

$3 - Y = -13$

$29 = Y + 24$

$Y + 18 = 25$

$-1 = Y - 23$

$9 = Y - 14$

$Y - 12 = 6$

$10 = 4 + Y$

$-3 = Y - 16$

$Y - 19 = -12$

$30 = Y + 19$

$23 - Y = 7$

$Y - 10 = 20$

$3 = Y - 27$

$5 - Y = -22$

$25 = Y + 19$

$Y - 14 = 0$

$26 + Y = 48$

$7 - Y = 2$

$-23 = 6 - Y$

$Y - 7 = 17$

$41 = 27 + Y$

$-14 = 5 - Y$

$39 = Y + 29$

$Y + 14 = 23$

$35 = Y + 10$

$-8 = 19 - Y$

$48 = 28 + Y$

$8 = 10 - Y$

$10 = Y - 16$

$Y - 11 = -6$

$1 - Y = -5$

$4 + Y = 18$

$25 + Y = 55$

$17 - Y = -9$

$25 - Y = 13$

$-22 = Y - 30$

$10 - Y = -12$

$Y - 13 = 0$

$20 + Y = 37$

$34 = 24 + Y$

$2 - Y = -5$

$6Y > 3$	$6 \geq Y + 4$	$8 > 6 - X$
$3 > \dfrac{X}{1}$	$3X > 5$	$\dfrac{Y}{7} \leq 8$
$Y - 1 \leq 9$	$1 > X + 7$	$3X < 4$
$7 \geq Y - 2$	$X + 3 > 3$	$\dfrac{X}{7} < 3$

| $X - 5 < 8$ | $9 < 6X$ | $\dfrac{Y}{4} \geq 6$ |

| $Y + 9 \geq 4$ | $9 \leq 9 + Y$ | $6 \leq Y - 5$ |

| $\dfrac{Y}{6} > 5$ | $5 < 2X$ | $Y + 2 < 4$ |

| $3X \leq 2$ | $Y - 7 > 8$ | $\dfrac{Y}{3} \geq 8$ |

$9 > Y - 8$	$X + 9 < 6$	$5 \leq 4Y$
$6 > \dfrac{Y}{8}$	$5 < Y - 1$	$6 < 6 + X$
$1 > \dfrac{Y}{3}$	$2 < 6Y$	$\dfrac{X}{3} \leq 2$
$18X \leq 12$	$X - 5 \geq 9$	$4 < 1 + Y$

$Y - 6 \leq 8$	$6 \leq X + 3$	$5Y > 4$
$\dfrac{Y}{6} \geq 4$	$6 \geq 3 + X$	$8 - X > 9$
$9 > 18Y$	$\dfrac{Y}{8} > 8$	$4 - Y \leq 6$
$5 + X > 8$	$\dfrac{X}{6} > 4$	$4 \leq 5X$

$12X \geq 18$	$1 < 6 + X$	$\dfrac{Y}{7} > 4$
$X - 8 \geq 9$	$\dfrac{Y}{4} \geq 2$	$1 - Y > 6$
$6X \leq 10$	$1 + Y \geq 5$	$1 \leq X + 6$
$6Y \geq 2$	$7 \geq 1 - X$	$2 \leq \dfrac{Y}{2}$

$7 \geq X - 4$	$1 + Y > 7$	$12 \leq 4X$
$6 > \dfrac{X}{7}$	$18Y \geq 15$	$X + 6 < 6$
$\dfrac{X}{3} < 6$	$6 \geq 2 - Y$	$12X > 10$
$Y + 3 > 5$	$\dfrac{X}{6} > 2$	$Y - 3 \leq 4$

$3 \leq Y + 6$	$\dfrac{Y}{4} \geq 8$	$Y - 1 < 6$
$18\,Y < 12$	$X + 2 > 7$	$7 < 1 - X$
$12\,Y \leq 6$	$\dfrac{X}{8} > 6$	$X - 5 > 6$
$Y + 2 > 9$	$10\,Y < 8$	$7 < \dfrac{Y}{6}$

$2 \leq 3X$	$\dfrac{X}{5} \leq 1$	$2 > Y + 1$
$7 \geq 5 - Y$	$9 \leq 8 - X$	$12X \leq 10$
$4 < \dfrac{Y}{1}$	$3 \leq 8 + Y$	$6 > \dfrac{Y}{1}$
$2 - Y < 9$	$Y + 3 \leq 3$	$6 \leq 5Y$

$3 - X > 4$	$\dfrac{Y}{6} < 7$	$7 + X < 2$
$6X > 10$	$X - 1 \leq 3$	$2X > 3$
$X + 3 \geq 4$	$\dfrac{Y}{8} > 5$	$9 \leq Y - 8$
$18Y \geq 12$	$3 < \dfrac{X}{6}$	$3 + X < 1$

| $18 \leq 12Y$ | $X - 8 \leq 9$ | $\dfrac{Y}{5} \geq 8$ |

| $7 > 2 + X$ | $5 < 4 + X$ | $2 < \dfrac{Y}{2}$ |

| $4 \leq 8X$ | $4 < X - 1$ | $3 \leq 1 - X$ |

| $12 \leq 9X$ | $5 > Y + 4$ | $\dfrac{X}{4} > 5$ |

$18 \geq 15X$	$\dfrac{Y}{2} > 8$	$X + 5 \geq 8$
$4 - X < 8$	$Y - 1 < 6$	$1 \leq X + 6$
$3 < 5X$	$4 \leq \dfrac{X}{8}$	$2 + Y \leq 6$
$9 < Y - 4$	$15 < 18X$	$7 \leq \dfrac{X}{8}$

$x + 4 \leq 1$	$3 < 4y$	$7 < x - 4$
$3 \leq \dfrac{x}{5}$	$y - 3 \geq 4$	$5 \geq x + 6$
$18 \geq 9y$	$\dfrac{y}{7} < 5$	$4 \geq 6 + y$
$7 - y \geq 8$	$12y < 9$	$3 \leq \dfrac{x}{2}$

$10X < 8$	$7 < \dfrac{X}{5}$	$X + 3 > 5$
$X - 6 \leq 9$	$\dfrac{Y}{1} > 8$	$6 \leq 5 - Y$
$Y + 7 \leq 1$	$6Y \leq 15$	$8 \leq \dfrac{X}{2}$
$8 \geq Y + 8$	$4 < 5X$	$8 \geq X - 6$

$X - 6 \leq 7$	$Y + 2 > 6$	$12X \leq 10$
$\dfrac{Y}{4} \geq 4$	$X + 2 < 2$	$1 - X < 5$
$10Y \leq 4$	$\dfrac{Y}{6} < 4$	$2 \geq 5X$
$X + 8 \geq 8$	$Y - 6 \leq 8$	$2 \leq \dfrac{Y}{3}$

$4 - X \leq 5$	$\dfrac{X}{6} \leq 7$	$6 \geq 12X$
$Y + 3 < 4$	$6 \geq 4 - X$	$9 < 15Y$
$2 \leq \dfrac{Y}{6}$	$1 + X \geq 4$	$3 \geq 1 - Y$
$1 \leq X + 2$	$4 \geq \dfrac{X}{1}$	$5Y \leq 2$

$8 < \dfrac{x}{5}$	$x - 5 < 9$	$5 \leq x + 5$
$12 \leq 8x$	$2 > \dfrac{x}{5}$	$7 \geq x + 5$
$6x \leq 8$	$7 > y - 2$	$\dfrac{y}{4} \leq 7$
$4x > 10$	$7 \leq y - 4$	$y + 7 < 9$

SOLUTIONS

$-2 = Y - 8$ $Y = 6$

$-1 = 6 - Y$ $Y = 7$

$Y - 6 = -3$ $Y = 3$

$Y + 1 = 7$ $Y = 6$

$10 = X + 6$ $X = 4$

$1 + Y = 2$ $Y = 1$

$9 - Y = 1$ $Y = 8$

$3 + Y = 7$ $Y = 4$

$-1 = Y - 8$ $Y = 7$

$-2 = 7 - X$ $X = 9$

$-8 = 1 - Y$ $Y = 9$

$3 + Y = 12$ $Y = 9$

$11 = Y + 4$ $Y = 7$

$10 = Y + 2$ $Y = 8$

$Y + 3 = 12$ $Y = 9$

$0 = 2 - Y$ $Y = 2$

$3 + Y = 9$ $Y = 6$

$X + 4 = 5$ $X = 1$

$-4 = 5 - Y$ $Y = 9$

$14 = 9 + X$ $X = 5$

$8 + Y = 13$ $Y = 5$	$10 = X + 5$ $X = 5$
$X - 4 = 4$ $X = 8$	$-2 = 3 - X$ $X = 5$
$12 = X + 8$ $X = 4$	$7 - X = 1$ $X = 6$
$Y - 4 = 0$ $Y = 4$	$7 = 9 - X$ $X = 2$
$1 = Y - 7$ $Y = 8$	$3 - Y = 1$ $Y = 2$
$2 - X = 1$ $X = 1$	$3 = 7 - X$ $X = 4$
$5 + X = 6$ $X = 1$	$3 = 9 - X$ $X = 6$
$9 = X + 7$ $X = 2$	$X + 2 = 3$ $X = 1$
$13 = X + 4$ $X = 9$	$15 = 9 + Y$ $Y = 6$
$0 = 8 - Y$ $Y = 8$	$11 = X + 7$ $X = 4$

$7 = 4 + X \quad X = 3$

$0 = X - 7 \quad X = 7$

$9 = 8 + X \quad X = 1$

$9 = 7 + X \quad X = 2$

$X - 3 = 0 \quad X = 3$

$4 - X = -3 \quad X = 7$

$Y + 9 = 15 \quad Y = 6$

$-2 = X - 3 \quad X = 1$

$9 + Y = 11 \quad Y = 2$

$12 = Y + 7 \quad Y = 5$

$11 = 3 + Y \quad Y = 8$

$-5 = 3 - X \quad X = 8$

$8 - Y = 7 \quad Y = 1$

$X + 3 = 10 \quad X = 7$

$12 = 8 + X \quad X = 4$

$X - 9 = -1 \quad X = 8$

$3 + X = 5 \quad X = 2$

$6 = Y - 1 \quad Y = 7$

$X + 9 = 10 \quad X = 1$

$Y + 6 = 7 \quad Y = 1$

$8 = Y - 1 \quad Y = 9$

$X - 6 = -1 \quad X = 5$

$X + 4 = 8 \quad X = 4$

$Y + 9 = 14 \quad Y = 5$

$1 - Y = -6 \quad Y = 7$

$6 - Y = 3 \quad Y = 3$

$14 = X + 7 \quad X = 7$

$4 = 7 - X \quad X = 3$

$Y - 3 = 5 \quad Y = 8$

$2 + Y = 8 \quad Y = 6$

$Y + 5 = 7 \quad Y = 2$

$17 = 9 + X \quad X = 8$

$2 - Y = -5 \quad Y = 7$

$14 = Y + 6 \quad Y = 8$

$5 - X = 1 \quad X = 4$

$X + 6 = 12 \quad X = 6$

$5 = 7 - Y \quad Y = 2$

$X + 2 = 7 \quad X = 5$

$7 + X = 12 \quad X = 5$

$Y + 8 = 14 \quad Y = 6$

$1 - Y = -7 \quad Y = 8$

$-4 = Y - 6 \quad Y = 2$

$X + 1 = 3 \quad X = 2$

$-3 = 1 - Y \quad Y = 4$

$X + 8 = 15 \quad X = 7$

$8 = 7 + Y \quad Y = 1$

$X - 4 = 5 \quad X = 9$

$6 = 9 - Y \quad Y = 3$

$Y + 7 = 15 \quad Y = 8$

$5 + X = 9 \quad X = 4$

$7 - Y = 2 \quad Y = 5$

$X - 6 = 0 \quad X = 6$

$X + 9 = 11 \quad X = 2$

$2 = Y - 2 \quad Y = 4$

$4 = 6 - Y \quad Y = 2$

$1 - X = -4 \quad X = 5$

$9 + Y = 10 \quad Y = 1$

$4 + Y = 5 \quad Y = 1$

$X + 6 = 11 \quad X = 5$

$-1 = Y - 5 \quad Y = 4$

$12 = 9 + Y \quad Y = 3$

$Y + 1 = 5 \quad Y = 4$

$6 = Y + 3 \quad Y = 3$

$Y - 5 = 0 \quad Y = 5$

$Y - 8 = -3 \quad Y = 5$

$1 + Y = 5 \quad Y = 4$

$Y - 6 = -1 \quad Y = 5$

$Y + 5 = 9 \quad Y = 4$

$3 = 6 - Y \quad Y = 3$

$Y + 6 = 13 \quad Y = 7$

$14 = 6 + Y \quad Y = 8$

$9 = Y + 1 \quad Y = 8$

$8 - Y = 4 \quad Y = 4$

$-2 = 6 - Y \quad Y = 8$

$7 + Y = 9 \quad Y = 2$

$Y - 4 = 3 \quad Y = 7$

$5 + Y = 14 \quad Y = 9$

$14 = Y + 5 \quad Y = 9$

$2 = 9 - Y \quad Y = 7$

$10 = Y + 5 \quad Y = 5$

$7 = 1 + Y \quad Y = 6$

$12 = Y + 4 \quad Y = 8$

$5 = 7 - Y \quad Y = 2$

$7 = 5 + Y \quad Y = 2$

$13 = Y + 8 \quad Y = 5$

$7 = 3 + Y \quad Y = 4$

$Y - 9 = -3 \quad Y = 6$

$Y + 5 = 6 \quad Y = 1$

$Y + 3 = 5 \quad Y = 2$

$11 = 5 + Y \quad Y = 6$

$4 + Y = 6 \quad Y = 2$

$Y - 6 = -2 \quad Y = 4$

$Y - 6 = -5 \quad Y = 1$

$-4 = Y - 7 \quad Y = 3$

$13 = Y + 7 \quad Y = 6$

$7 - Y = 4 \quad Y = 3$

$10 = Y + 8 \quad Y = 2$

$Y + 6 = 15 \quad Y = 9$

$Y - 2 = 6 \quad Y = 8$

$2 - Y = -2 \quad Y = 4$

$12 = 7 + Y \quad Y = 5$

$8 = 2 + Y \quad Y = 6$

$9 - Y = 7 \quad Y = 2$

$2 = Y - 5 \quad Y = 7$

$1 - Y = -8 \quad Y = 9$

$15 = 6 + Y \quad Y = 9$

$11 = Y + 7 \quad Y = 4$

$9 = 6 + Y \quad Y = 3$

$3 = Y - 6 \quad Y = 9$

$2 = Y - 6 \quad Y = 8$

$Y + 4 = 6 \quad Y = 2$

$-3 = Y - 7 \quad Y = 4$

$8 - Y = -1 \quad Y = 9$

$Y + 5 = 7 \quad Y = 2$

$Y - 1 = 3 \quad Y = 4$

$-2 = 1 - Y \quad Y = 3$

$3 + Y = 12 \quad Y = 9$

$-4 = 5 - Y \quad Y = 9$

$0 = 2 - Y \quad Y = 2$

$7 + Y = 16 \quad Y = 9$

$Y+2=5 \quad Y=3$

$1+Y=9 \quad Y=8$

$4=9-Y \quad Y=5$

$Y+5=13 \quad Y=8$

$6+Y=10 \quad Y=4$

$8-Y=1 \quad Y=7$

$Y+9=11 \quad Y=2$

$Y-8=-6 \quad Y=2$

$-7=1-Y \quad Y=8$

$1=Y-6 \quad Y=7$

$5=9-Y \quad Y=4$

$Y-6=-4 \quad Y=2$

$2=1+Y \quad Y=1$

$Y+4=13 \quad Y=9$

$Y+9=10 \quad Y=1$

$Y-7=-5 \quad Y=2$

$Y+1=8 \quad Y=7$

$Y-2=1 \quad Y=3$

$2=4-Y \quad Y=2$

$9-Y=0 \quad Y=9$

$1 = 4 - Y \quad Y = 3$

$Y - 2 = 4 \quad Y = 6$

$Y - 6 = 0 \quad Y = 6$

$8 - Y = 7 \quad Y = 1$

$9 + Y = 10 \quad Y = 1$

$1 - Y = -3 \quad Y = 4$

$9 + Y = 11 \quad Y = 2$

$3 + Y = 10 \quad Y = 7$

$5 = Y - 1 \quad Y = 6$

$Y + 2 = 8 \quad Y = 6$

$7 = 4 + Y \quad Y = 3$

$-7 = Y - 9 \quad Y = 2$

$2 = 3 - Y \quad Y = 1$

$7 = Y + 1 \quad Y = 6$

$1 + Y = 4 \quad Y = 3$

$5 - Y = 4 \quad Y = 1$

$3 = Y - 5 \quad Y = 8$

$-3 = Y - 5 \quad Y = 2$

$Y - 9 = -5 \quad Y = 4$

$16 = Y + 7 \quad Y = 9$

$-6 = Y - 13$ $Y = 7$

$14 = 2 + Y$ $Y = 12$

$Y - 14 = 5$ $Y = 19$

$8 - Y = 4$ $Y = 4$

$9 = 1 + Y$ $Y = 8$

$-1 = 2 - Y$ $Y = 3$

$Y + 12 = 31$ $Y = 19$

$-1 = 10 - Y$ $Y = 11$

$1 + Y = 7$ $Y = 6$

$18 + Y = 31$ $Y = 13$

$-4 = 13 - Y$ $Y = 17$

$5 = Y + 2$ $Y = 3$

$15 + Y = 28$ $Y = 13$

$-2 = 11 - Y$ $Y = 13$

$18 + Y = 30$ $Y = 12$

$-9 = Y - 15$ $Y = 6$

$6 + Y = 8$ $Y = 2$

$39 = Y + 19$ $Y = 20$

$3 + Y = 22$ $Y = 19$

$10 = 6 + Y$ $Y = 4$

$Y - 16 = -10 \quad Y = 6$

$Y - 11 = -3 \quad Y = 8$

$4 - Y = -15 \quad Y = 19$

$Y - 14 = -2 \quad Y = 12$

$22 = Y + 10 \quad Y = 12$

$Y + 18 = 29 \quad Y = 11$

$-11 = Y - 15 \quad Y = 4$

$6 = Y + 5 \quad Y = 1$

$Y - 17 = -8 \quad Y = 9$

$26 = Y + 7 \quad Y = 19$

$18 = Y + 15 \quad Y = 3$

$Y - 10 = -3 \quad Y = 7$

$2 - Y = -6 \quad Y = 8$

$Y + 17 = 35 \quad Y = 18$

$25 = 13 + Y \quad Y = 12$

$9 + Y = 11 \quad Y = 2$

$16 = Y + 15 \quad Y = 1$

$-11 = 7 - Y \quad Y = 18$

$Y + 13 = 23 \quad Y = 10$

$1 = 18 - Y \quad Y = 17$

$Y + 18 = 20$ $Y = 2$

$11 = 2 + Y$ $Y = 9$

$Y + 11 = 23$ $Y = 12$

$17 = 2 + Y$ $Y = 15$

$16 = 10 + Y$ $Y = 6$

$12 = 1 + Y$ $Y = 11$

$-9 = Y - 19$ $Y = 10$

$-13 = Y - 15$ $Y = 2$

$3 = 2 + Y$ $Y = 1$

$-8 = Y - 9$ $Y = 1$

$Y - 9 = 8$ $Y = 17$

$Y + 3 = 12$ $Y = 9$

$-1 = Y - 17$ $Y = 16$

$23 = Y + 3$ $Y = 20$

$12 = Y + 6$ $Y = 6$

$32 = Y + 18$ $Y = 14$

$22 = 8 + Y$ $Y = 14$

$17 - Y = 10$ $Y = 7$

$15 - Y = -3$ $Y = 18$

$2 + Y = 6$ $Y = 4$

$14 + Y = 30$ $Y = 16$

$9 - Y = -3$ $Y = 12$

$4 + Y = 6$ $Y = 2$

$16 + Y = 23$ $Y = 7$

$15 = Y - 1$ $Y = 16$

$15 = 12 + Y$ $Y = 3$

$Y - 20 = -17$ $Y = 3$

$19 + Y = 33$ $Y = 14$

$25 = Y + 18$ $Y = 7$

$-2 = 14 - Y$ $Y = 16$

$6 = Y - 12$ $Y = 18$

$11 - Y = -5$ $Y = 16$

$36 = Y + 16$ $Y = 20$

$16 = 20 - Y$ $Y = 4$

$20 + Y = 38$ $Y = 18$

$-9 = 7 - Y$ $Y = 16$

$29 = Y + 14$ $Y = 15$

$Y - 5 = 9$ $Y = 14$

$13 + Y = 31$ $Y = 18$

$8 + Y = 27$ $Y = 19$

$10 + Y = 25$ $Y = 15$

$16 = Y + 14$ $Y = 2$

$-12 = Y - 16$ $Y = 4$

$27 = Y + 8$ $Y = 19$

$23 = 18 + Y$ $Y = 5$

$28 = Y + 19$ $Y = 9$

$2 = 19 - Y$ $Y = 17$

$1 + Y = 10$ $Y = 9$

$-5 = 8 - Y$ $Y = 13$

$-9 = Y - 11$ $Y = 2$

$-8 = 8 - Y$ $Y = 16$

$-2 = Y - 10$ $Y = 8$

$21 = Y + 15$ $Y = 6$

$-5 = Y - 15$ $Y = 10$

$1 = Y - 5$ $Y = 6$

$Y + 17 = 19$ $Y = 2$

$Y + 6 = 20$ $Y = 14$

$16 = 12 + Y$ $Y = 4$

$Y + 12 = 17$ $Y = 5$

$22 = Y + 2$ $Y = 20$

$18 + Y = 30$ $Y = 12$

$9 = Y - 11$ $Y = 20$

$6 + Y = 32$ $Y = 26$

$35 = 13 + Y$ $Y = 22$

$-21 = 4 - Y$ $Y = 25$

$Y - 8 = 20$ $Y = 28$

$2 - Y = 0$ $Y = 2$

$27 + Y = 42$ $Y = 15$

$14 = 4 + Y$ $Y = 10$

$Y - 19 = 0$ $Y = 19$

$Y + 26 = 56$ $Y = 30$

$-1 = Y - 15$ $Y = 14$

$Y - 25 = -15$ $Y = 10$

$-6 = 1 - Y$ $Y = 7$

$Y - 15 = 12$ $Y = 27$

$-2 = 5 - Y$ $Y = 7$

$14 = 10 + Y$ $Y = 4$

$-12 = 7 - Y$ $Y = 19$

$12 = 11 + Y$ $Y = 1$

$40 = Y + 26$ $Y = 14$

$Y + 4 = 33 \quad Y = 29$

$23 + Y = 36 \quad Y = 13$

$13 - Y = -9 \quad Y = 22$

$25 = 21 + Y \quad Y = 4$

$38 = 17 + Y \quad Y = 21$

$32 = Y + 5 \quad Y = 27$

$34 = 5 + Y \quad Y = 29$

$1 - Y = -10 \quad Y = 11$

$7 - Y = -17 \quad Y = 24$

$44 = 25 + Y \quad Y = 19$

$2 + Y = 12 \quad Y = 10$

$-2 = 19 - Y \quad Y = 21$

$20 + Y = 41 \quad Y = 21$

$Y - 4 = 18 \quad Y = 22$

$42 = 12 + Y \quad Y = 30$

$18 - Y = 3 \quad Y = 15$

$41 = 16 + Y \quad Y = 25$

$Y - 22 = -7 \quad Y = 15$

$14 = 24 - Y \quad Y = 10$

$11 + Y = 17 \quad Y = 6$

$18 + Y = 24 \quad Y = 6$

$Y + 6 = 21 \quad Y = 15$

$Y - 26 = -2 \quad Y = 24$

$24 - Y = 4 \quad Y = 20$

$Y - 22 = 2 \quad Y = 24$

$22 + Y = 39 \quad Y = 17$

$Y + 4 = 28 \quad Y = 24$

$Y + 15 = 41 \quad Y = 26$

$Y - 26 = -18 \quad Y = 8$

$3 + Y = 21 \quad Y = 18$

$18 - Y = 15 \quad Y = 3$

$8 = Y - 1 \quad Y = 9$

$24 + Y = 50 \quad Y = 26$

$13 = 15 - Y \quad Y = 2$

$-17 = 1 - Y \quad Y = 18$

$16 = Y + 13 \quad Y = 3$

$20 = 13 + Y \quad Y = 7$

$14 = 30 - Y \quad Y = 16$

$35 = 22 + Y \quad Y = 13$

$Y - 16 = -9 \quad Y = 7$

$25 - Y = 13$ $Y = 12$

$7 + Y = 30$ $Y = 23$

$6 = 22 - Y$ $Y = 16$

$35 = Y + 27$ $Y = 8$

$10 - Y = -4$ $Y = 14$

$27 = Y - 2$ $Y = 29$

$34 = Y + 24$ $Y = 10$

$Y - 2 = 12$ $Y = 14$

$-3 = 3 - Y$ $Y = 6$

$9 + Y = 21$ $Y = 12$

$26 = Y + 2$ $Y = 24$

$14 = Y + 9$ $Y = 5$

$35 = 26 + Y$ $Y = 9$

$18 - Y = -10$ $Y = 28$

$31 = 28 + Y$ $Y = 3$

$Y + 7 = 36$ $Y = 29$

$31 = 16 + Y$ $Y = 15$

$34 = 23 + Y$ $Y = 11$

$0 = Y - 11$ $Y = 11$

$21 - Y = 12$ $Y = 9$

$Y - 16 = 11 \quad Y = 27$

$27 + Y = 39 \quad Y = 12$

$Y - 29 = -12 \quad Y = 17$

$Y + 15 = 21 \quad Y = 6$

$33 = Y + 21 \quad Y = 12$

$-17 = Y - 27 \quad Y = 10$

$34 = 9 + Y \quad Y = 25$

$-1 = 23 - Y \quad Y = 24$

$Y - 28 = -21 \quad Y = 7$

$27 - Y = 14 \quad Y = 13$

$39 = 29 + Y \quad Y = 10$

$38 = Y + 8 \quad Y = 30$

$15 - Y = -8 \quad Y = 23$

$6 = 2 + Y \quad Y = 4$

$22 - Y = -1 \quad Y = 23$

$Y + 1 = 16 \quad Y = 15$

$16 - Y = 8 \quad Y = 8$

$Y + 24 = 29 \quad Y = 5$

$Y - 28 = -5 \quad Y = 23$

$3 - Y = 0 \quad Y = 3$

$5 - Y = -18$ $Y = 23$

$18 = 7 + Y$ $Y = 11$

$24 + Y = 52$ $Y = 28$

$-5 = 20 - Y$ $Y = 25$

$10 = Y - 12$ $Y = 22$

$17 - Y = 2$ $Y = 15$

$16 + Y = 30$ $Y = 14$

$29 - Y = 10$ $Y = 19$

$1 = Y - 3$ $Y = 4$

$-11 = Y - 14$ $Y = 3$

$Y - 8 = 0$ $Y = 8$

$12 = 4 + Y$ $Y = 8$

$Y + 4 = 6$ $Y = 2$

$15 = 18 - Y$ $Y = 3$

$10 = 25 - Y$ $Y = 15$

$17 - Y = 16$ $Y = 1$

$16 - Y = -10$ $Y = 26$

$-19 = 5 - Y$ $Y = 24$

$23 = 28 - Y$ $Y = 5$

$0 = Y - 12$ $Y = 12$

$18 + Y = 42 \quad Y = 24$	$Y - 1 = 22 \quad Y = 23$
$2 - Y = -14 \quad Y = 16$	$Y + 25 = 30 \quad Y = 5$
$39 = Y + 17 \quad Y = 22$	$-7 = 2 - Y \quad Y = 9$
$39 = Y + 12 \quad Y = 27$	$2 = 30 - Y \quad Y = 28$
$50 = 20 + Y \quad Y = 30$	$Y + 21 = 31 \quad Y = 10$
$11 + Y = 28 \quad Y = 17$	$-7 = Y - 8 \quad Y = 1$
$26 - Y = 10 \quad Y = 16$	$30 + Y = 50 \quad Y = 20$
$Y + 6 = 16 \quad Y = 10$	$21 - Y = -8 \quad Y = 29$
$43 = Y + 22 \quad Y = 21$	$41 = Y + 14 \quad Y = 27$
$19 = Y + 4 \quad Y = 15$	$-10 = 6 - Y \quad Y = 16$

$6 = 29 - Y \quad Y = 23$

$Y - 8 = 6 \quad Y = 14$

$Y + 8 = 35 \quad Y = 27$

$4 = Y - 22 \quad Y = 26$

$8 = Y - 16 \quad Y = 24$

$-1 = 16 - Y \quad Y = 17$

$18 - Y = 12 \quad Y = 6$

$-3 = Y - 17 \quad Y = 14$

$22 - Y = 4 \quad Y = 18$

$42 = 24 + Y \quad Y = 18$

$19 = 11 + Y \quad Y = 8$

$10 = 5 + Y \quad Y = 5$

$4 - Y = -25 \quad Y = 29$

$Y + 2 = 4 \quad Y = 2$

$5 + Y = 22 \quad Y = 17$

$24 = Y - 3 \quad Y = 27$

$Y - 16 = 0 \quad Y = 16$

$49 = 25 + Y \quad Y = 24$

$29 = 6 + Y \quad Y = 23$

$Y - 26 = -15 \quad Y = 11$

$21 = 24 - Y$ $Y = 3$ $26 = 3 + Y$ $Y = 23$

$Y + 30 = 34$ $Y = 4$ $Y - 25 = -4$ $Y = 21$

$20 + Y = 49$ $Y = 29$ $29 - Y = 9$ $Y = 20$

$30 + Y = 45$ $Y = 15$ $8 + Y = 33$ $Y = 25$

$12 - Y = 1$ $Y = 11$ $Y + 11 = 31$ $Y = 20$

$7 = 25 - Y$ $Y = 18$ $5 - Y = 2$ $Y = 3$

$30 - Y = 16$ $Y = 14$ $29 = Y + 2$ $Y = 27$

$40 = 23 + Y$ $Y = 17$ $6 - Y = -16$ $Y = 22$

$Y + 13 = 35$ $Y = 22$ $10 = Y - 4$ $Y = 14$

$Y + 19 = 49$ $Y = 30$ $-5 = Y - 21$ $Y = 16$

$42 = 27 + Y$ $Y = 15$

$Y + 5 = 24$ $Y = 19$

$32 = 24 + Y$ $Y = 8$

$22 = Y + 11$ $Y = 11$

$Y - 14 = -2$ $Y = 12$

$41 = Y + 12$ $Y = 29$

$7 + Y = 21$ $Y = 14$

$-7 = Y - 16$ $Y = 9$

$Y - 2 = 17$ $Y = 19$

$37 = 30 + Y$ $Y = 7$

$48 = Y + 19$ $Y = 29$

$6 + Y = 18$ $Y = 12$

$Y - 9 = 5$ $Y = 14$

$24 + Y = 49$ $Y = 25$

$Y + 2 = 13$ $Y = 11$

$44 = Y + 29$ $Y = 15$

$5 = Y - 10$ $Y = 15$

$29 - Y = -1$ $Y = 30$

$-14 = 9 - Y$ $Y = 23$

$Y + 16 = 19$ $Y = 3$

$31 = 22 + Y \quad Y = 9$

$Y + 22 = 45 \quad Y = 23$

$Y - 29 = -16 \quad Y = 13$

$13 - Y = 3 \quad Y = 10$

$50 = 26 + Y \quad Y = 24$

$2 = 21 - Y \quad Y = 19$

$11 - Y = 0 \quad Y = 11$

$25 - Y = 1 \quad Y = 24$

$Y + 14 = 17 \quad Y = 3$

$13 = 28 - Y \quad Y = 15$

$41 = Y + 22 \quad Y = 19$

$57 = 27 + Y \quad Y = 30$

$Y - 11 = 9 \quad Y = 20$

$26 - Y = 5 \quad Y = 21$

$22 = Y + 13 \quad Y = 9$

$Y + 21 = 41 \quad Y = 20$

$Y + 15 = 25 \quad Y = 10$

$Y + 13 = 26 \quad Y = 13$

$49 = Y + 20 \quad Y = 29$

$40 = Y + 15 \quad Y = 25$

$-1 = Y - 2$ $Y = 1$

$16 = 24 - Y$ $Y = 8$

$18 - Y = -3$ $Y = 21$

$Y - 12 = -3$ $Y = 9$

$19 + Y = 47$ $Y = 28$

$25 = 13 + Y$ $Y = 12$

$17 + Y = 24$ $Y = 7$

$19 = Y + 7$ $Y = 12$

$6 = 30 - Y$ $Y = 24$

$Y + 26 = 33$ $Y = 7$

$Y + 25 = 37$ $Y = 12$

$36 = Y + 19$ $Y = 17$

$24 + Y = 40$ $Y = 16$

$9 - Y = 6$ $Y = 3$

$Y + 13 = 24$ $Y = 11$

$24 = Y + 19$ $Y = 5$

$Y - 29 = -21$ $Y = 8$

$24 - Y = 13$ $Y = 11$

$12 - Y = -8$ $Y = 20$

$32 = 28 + Y$ $Y = 4$

$45 = 24 + Y \quad Y = 21$

$26 = Y + 22 \quad Y = 4$

$2 + Y = 32 \quad Y = 30$

$3 + Y = 22 \quad Y = 19$

$26 = 9 + Y \quad Y = 17$

$8 - Y = -4 \quad Y = 12$

$32 = Y + 15 \quad Y = 17$

$50 = 27 + Y \quad Y = 23$

$42 = Y + 23 \quad Y = 19$

$18 - Y = -2 \quad Y = 20$

$1 + Y = 28 \quad Y = 27$

$32 = Y + 26 \quad Y = 6$

$16 = Y + 12 \quad Y = 4$

$52 = 28 + Y \quad Y = 24$

$49 = Y + 19 \quad Y = 30$

$15 = 28 - Y \quad Y = 13$

$10 = 30 - Y \quad Y = 20$

$1 + Y = 9 \quad Y = 8$

$14 = 15 - Y \quad Y = 1$

$3 - Y = -13 \quad Y = 16$

$29 = Y + 24$ $Y = 5$

$Y + 18 = 25$ $Y = 7$

$-1 = Y - 23$ $Y = 22$

$9 = Y - 14$ $Y = 23$

$Y - 12 = 6$ $Y = 18$

$10 = 4 + Y$ $Y = 6$

$-3 = Y - 16$ $Y = 13$

$Y - 19 = -12$ $Y = 7$

$30 = Y + 19$ $Y = 11$

$23 - Y = 7$ $Y = 16$

$Y - 10 = 20$ $Y = 30$

$3 = Y - 27$ $Y = 30$

$5 - Y = -22$ $Y = 27$

$25 = Y + 19$ $Y = 6$

$Y - 14 = 0$ $Y = 14$

$26 + Y = 48$ $Y = 22$

$7 - Y = 2$ $Y = 5$

$-23 = 6 - Y$ $Y = 29$

$Y - 7 = 17$ $Y = 24$

$41 = 27 + Y$ $Y = 14$

$-14 = 5 - Y$ $Y = 19$ $4 + Y = 18$ $Y = 14$

$39 = Y + 29$ $Y = 10$ $25 + Y = 55$ $Y = 30$

$Y + 14 = 23$ $Y = 9$ $17 - Y = -9$ $Y = 26$

$35 = Y + 10$ $Y = 25$ $25 - Y = 13$ $Y = 12$

$-8 = 19 - Y$ $Y = 27$ $-22 = Y - 30$ $Y = 8$

$48 = 28 + Y$ $Y = 20$ $10 - Y = -12$ $Y = 22$

$8 = 10 - Y$ $Y = 2$ $Y - 13 = 0$ $Y = 13$

$10 = Y - 16$ $Y = 26$ $20 + Y = 37$ $Y = 17$

$Y - 11 = -6$ $Y = 5$ $34 = 24 + Y$ $Y = 10$

$1 - Y = -5$ $Y = 6$ $2 - Y = -5$ $Y = 7$

$6Y > 3$ $Y > \frac{1}{2}$	$6 \geq Y + 4$ $Y \leq 2$	$8 > 6 - X$ $X < 14$
$3 > \frac{X}{1}$ $X < 3$	$3X > 5$ $X > \frac{5}{3}$	$\frac{Y}{7} \leq 8$ $Y \leq 56$
$Y - 1 \leq 9$ $Y \leq 10$	$1 > X + 7$ $X < -6$	$3X < 4$ $X < \frac{4}{3}$
$7 \geq Y - 2$ $Y \leq 9$	$X + 3 > 3$ $X > 0$	$\frac{X}{7} < 3$ $X < 21$

$X - 5 < 8$	$9 < 6X$	$\dfrac{Y}{4} \geq 6$
$X < 13$	$X > \dfrac{3}{2}$	$Y \geq 24$

$Y + 9 \geq 4$	$9 \leq 9 + Y$	$6 \leq Y - 5$
$Y \geq -5$	$Y \geq 0$	$Y \geq 11$

$\dfrac{Y}{6} > 5$	$5 < 2X$	$Y + 2 < 4$
$Y > 30$	$X > \dfrac{5}{2}$	$Y < 2$

$3X \leq 2$	$Y - 7 > 8$	$\dfrac{Y}{3} \geq 8$
$X \leq \dfrac{2}{3}$	$Y > 15$	$Y \geq 24$

$9 > Y - 8$	$X + 9 < 6$	$5 \leq 4Y$
$Y < 17$	$X < -3$	$Y \geq \frac{5}{4}$
$6 > \frac{Y}{8}$	$5 < Y - 1$	$6 < 6 + X$
$Y < 48$	$Y > 6$	$X > 0$
$1 > \frac{Y}{3}$	$2 < 6Y$	$\frac{X}{3} \leq 2$
$Y < 3$	$Y > \frac{1}{3}$	$X \leq 6$
$18X \leq 12$	$X - 5 \geq 9$	$4 < 1 + Y$
$X \leq \frac{2}{3}$	$X \geq 14$	$Y > 3$

$Y - 6 \leq 8$	$6 \leq X + 3$	$5Y > 4$
$Y \leq 14$	$X \geq 3$	$Y > \frac{4}{5}$
$\frac{Y}{6} \geq 4$	$6 \geq 3 + X$	$8 - X > 9$
$Y \geq 24$	$X \leq 3$	$X > 17$
$9 > 18Y$	$\frac{Y}{8} > 8$	$4 - Y \leq 6$
$Y < \frac{1}{2}$	$Y > 64$	$Y \leq 10$
$5 + X > 8$	$\frac{X}{6} > 4$	$4 \leq 5X$
$X > 3$	$X > 24$	$X \geq \frac{4}{5}$

$12X \geq 18$	$1 < 6 + X$	$\frac{Y}{7} > 4$
$X \geq \frac{3}{2}$	$X > -5$	$Y > 28$
$X - 8 \geq 9$	$\frac{Y}{4} \geq 2$	$1 - Y > 6$
$X \geq 17$	$Y \geq 8$	$Y > 7$
$6X \leq 10$	$1 + Y \geq 5$	$1 \leq X + 6$
$X \leq \frac{5}{3}$	$Y \geq 4$	$X \geq -5$
$6Y \geq 2$	$7 \geq 1 - X$	$2 \leq \frac{Y}{2}$
$Y \geq \frac{1}{3}$	$X \leq 8$	$Y \geq 4$

$7 \geq X - 4$	$1 + Y > 7$	$12 \leq 4X$
$X \leq 11$	$Y > 6$	$X \geq 3$
$6 > \dfrac{X}{7}$	$18Y \geq 15$	$X + 6 < 6$
$X < 42$	$Y \geq \dfrac{5}{6}$	$X < 0$
$\dfrac{X}{3} < 6$	$6 \geq 2 - Y$	$12X > 10$
$X < 18$	$Y \leq 8$	$X > \dfrac{5}{6}$
$Y + 3 > 5$	$\dfrac{X}{6} > 2$	$Y - 3 \leq 4$
$Y > 2$	$X > 12$	$Y \leq 7$

$3 \leq Y + 6$ $Y \geq -3$	$\dfrac{Y}{4} \geq 8$ $Y \geq 32$	$Y - 1 < 6$ $Y < 7$
$18Y < 12$ $Y < \dfrac{2}{3}$	$X + 2 > 7$ $X > 5$	$7 < 1 - X$ $X > 8$
$12Y \leq 6$ $Y \leq \dfrac{1}{2}$	$\dfrac{X}{8} > 6$ $X > 48$	$X - 5 > 6$ $X > 11$
$Y + 2 > 9$ $Y > 7$	$10Y < 8$ $Y < \dfrac{4}{5}$	$7 < \dfrac{Y}{6}$ $Y > 42$

$2 \leq 3X$	$\frac{X}{5} \leq 1$	$2 > Y + 1$
$X \geq \frac{2}{3}$	$X \leq 5$	$Y < 1$
$7 \geq 5 - Y$	$9 \leq 8 - X$	$12X \leq 10$
$Y \leq 12$	$X \geq 17$	$X \leq \frac{5}{6}$
$4 < \frac{Y}{1}$	$3 \leq 8 + Y$	$6 > \frac{Y}{1}$
$Y > 4$	$Y \geq -5$	$Y < 6$
$2 - Y < 9$	$Y + 3 \leq 3$	$6 \leq 5Y$
$Y < 11$	$Y \leq 0$	$Y \geq \frac{6}{5}$

$3 - X > 4$	$\dfrac{Y}{6} < 7$	$7 + X < 2$
$X > 7$	$Y < 42$	$X < -5$

$6X > 10$	$X - 1 \leq 3$	$2X > 3$
$X > \dfrac{5}{3}$	$X \leq 4$	$X > \dfrac{3}{2}$

$X + 3 \geq 4$	$\dfrac{Y}{8} > 5$	$9 \leq Y - 8$
$X \geq 1$	$Y > 40$	$Y \geq 17$

$18Y \geq 12$	$3 < \dfrac{X}{6}$	$3 + X < 1$
$Y \geq \dfrac{2}{3}$	$X > 18$	$X < -2$

$18 \leq 12Y$	$X - 8 \leq 9$	$\dfrac{Y}{5} \geq 8$
$Y \geq \dfrac{3}{2}$	$X \leq 17$	$Y \geq 40$

$7 > 2 + X$	$5 < 4 + X$	$2 < \dfrac{Y}{2}$
$X < 5$	$X > 1$	$Y > 4$

$4 \leq 8X$	$4 < X - 1$	$3 \leq 1 - X$
$X \geq \dfrac{1}{2}$	$X > 5$	$X \geq 4$

$12 \leq 9X$	$5 > Y + 4$	$\dfrac{X}{4} > 5$
$X \geq \dfrac{4}{3}$	$Y < 1$	$X > 20$

Problem	Answer
$18 \geq 15X$	$X \leq \dfrac{6}{5}$
$\dfrac{Y}{2} > 8$	$Y > 16$
$X + 5 \geq 8$	$X \geq 3$
$4 - X < 8$	$X < 12$
$Y - 1 < 6$	$Y < 7$
$1 \leq X + 6$	$X \geq -5$
$3 < 5X$	$X > \dfrac{3}{5}$
$4 \leq \dfrac{X}{8}$	$X \geq 32$
$2 + Y \leq 6$	$Y \leq 4$
$9 < Y - 4$	$Y > 13$
$15 < 18X$	$X > \dfrac{5}{6}$
$7 \leq \dfrac{X}{8}$	$X \geq 56$

$x + 4 \leq 1$	$3 < 4y$	$7 < x - 4$
$x \leq -3$	$y > \frac{3}{4}$	$x > 11$
$3 \leq \frac{x}{5}$	$y - 3 \geq 4$	$5 \geq x + 6$
$x \geq 15$	$y \geq 7$	$x \leq -1$
$18 \geq 9y$	$\frac{y}{7} < 5$	$4 \geq 6 + y$
$y \leq 2$	$y < 35$	$y \leq -2$
$7 - y \geq 8$	$12y < 9$	$3 \leq \frac{x}{2}$
$y \geq 15$	$y < \frac{3}{4}$	$x \geq 6$

Problem	Answer
$10X < 8$	$X < \dfrac{4}{5}$
$7 < \dfrac{X}{5}$	$X > 35$
$X + 3 > 5$	$X > 2$
$X - 6 \leq 9$	$X \leq 15$
$\dfrac{Y}{1} > 8$	$Y > 8$
$6 \leq 5 - Y$	$Y \geq 11$
$Y + 7 \leq 1$	$Y \leq -6$
$6Y \leq 15$	$Y \leq \dfrac{5}{2}$
$8 \leq \dfrac{X}{2}$	$X \geq 16$
$8 \geq Y + 8$	$Y \leq 0$
$4 < 5X$	$X > \dfrac{4}{5}$
$8 \geq X - 6$	$X \leq 14$

$X - 6 \leq 7$	$Y + 2 > 6$	$12X \leq 10$
$X \leq 13$	$Y > 4$	$X \leq \dfrac{5}{6}$
$\dfrac{Y}{4} \geq 4$	$X + 2 < 2$	$1 - X < 5$
$Y \geq 16$	$X < 0$	$X < 6$
$10Y \leq 4$	$\dfrac{Y}{6} < 4$	$2 \geq 5X$
$Y \leq \dfrac{2}{5}$	$Y < 24$	$X \leq \dfrac{2}{5}$
$X + 8 \geq 8$	$Y - 6 \leq 8$	$2 \leq \dfrac{Y}{3}$
$X \geq 0$	$Y \leq 14$	$Y \geq 6$

$4 - X \leq 5$ $X \leq 9$	$\dfrac{X}{6} \leq 7$ $X \leq 42$	$6 \geq 12X$ $X \leq \dfrac{1}{2}$
$Y + 3 < 4$ $Y < 1$	$6 \geq 4 - X$ $X \leq 10$	$9 < 15Y$ $Y > \dfrac{3}{5}$
$2 \leq \dfrac{Y}{6}$ $Y \geq 12$	$1 + X \geq 4$ $X \geq 3$	$3 \geq 1 - Y$ $Y \leq 4$
$1 \leq X + 2$ $X \geq -1$	$4 \geq \dfrac{X}{1}$ $X \leq 4$	$5Y \leq 2$ $Y \leq \dfrac{2}{5}$

$8 < \dfrac{x}{5}$	$x - 5 < 9$	$5 \leq x + 5$
$x > 40$	$x < 14$	$x \geq 0$

$12 \leq 8x$	$2 > \dfrac{x}{5}$	$7 \geq x + 5$
$x \geq \dfrac{3}{2}$	$x < 10$	$x \leq 2$

$6x \leq 8$	$7 > y - 2$	$\dfrac{y}{4} \leq 7$
$x \leq \dfrac{4}{3}$	$y < 9$	$y \leq 28$

$4x > 10$	$7 \leq y - 4$	$y + 7 < 9$
$x > \dfrac{5}{2}$	$y \geq 11$	$y < 2$